1個人吃
無敵蓋

3ステップでできる 100円でおいしい丼

U0006967

前言

生活好忙碌、沒時間下廚？注定當「外食族」？
只要三步驟、10分鐘，利用冰箱現有食材烹煮，
就能輕鬆不費力的做出美味蓋飯！
快速╳省時╳簡單，兩三下就能端上桌的無敵美味，
歡迎大家光臨蓋飯的世界！

杵島隆太

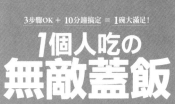

3步驟OK ＋ 10分鐘搞定 ＝ 1碗大滿足！

1個人吃の無敵蓋飯

90道懶人必學的快速料理大絕招

CONTENTS

無敵蓋飯小叮嚀

★ 1大匙為15ml，1小匙為5ml。

★ 材料分量標示於各料理中。

★ 本書使用之平底鍋直徑為24 cm，小平底鍋直徑為20 cm，小鍋直徑為18 cm。

★ 鍋子大小與材質會影響導熱方式及水分蒸發情形，請盡量使用符合鍋子尺寸可密閉之鍋蓋。

★ 爐火標準如下：大火為「鍋底佈滿熊熊爐火的程度」，中火為「鍋底正好接觸到爐火的程度」，小火為「鍋底幾乎不會接觸到爐火的程度」。

第1章

經典美味蓋飯

大家最喜歡的
經典蓋飯大集合！
自己在家就能做的
美味蓋飯！

① 香炸豬排蓋飯

材料

豬肉片：150g
高麗菜：3片（切成絲）

調味料

麵包粉：適量
炸油：適量

A
- 麵粉：1大匙
- 美乃滋：1大匙
- 水：2小匙
- 胡椒：少許

B
- 調味醬：適量
- 芥末：適量

1

將豬肉片與調味料A放入大碗中混合均勻，再分成4等分並捏成小圓餅狀。

2

在小平底鍋中倒入1cm高的炸油預熱至中溫。將麵包粉撒在步驟1上均勻包裹後，放入鍋中油炸。

3

油炸至金黃色後再翻面，約4～5分鐘。瀝油後，與高麗菜一起盛在白飯上，最後淋上調味料B。

2 薑燒豬肉蓋飯

材料

豬肉片：150g
洋蔥：1/4個（切成7～8mm寬）

調味料

沙拉油：1/2大匙
麵粉：1/2大匙
美乃滋：適量
七味唐辛子：適量

A ⎡ 醬油：2大匙
⎢ 味醂：1大匙
⎢ 砂糖：1/2大匙
⎢ 水：1/2大匙
⎣ 薑泥：1小匙

1

在豬肉片上撒上麵粉，攪拌均勻。

2

將油倒入小平底鍋中以中火加熱，拌炒豬肉至變色，再加入洋蔥。

3

將洋蔥炒軟後加入調味料Ⓐ，炒至收汁，再盛在白飯上。最後可依喜好加上美乃滋或七味唐辛子。

③ 經典豬肉蓋飯

材料

豬肉片：100g
洋蔥：1/4個（切成大約1cm寬）
紅薑絲：適量

調味料

Ⓐ
- 水：6大匙
- 醬油：2.5大匙
- 砂糖：1.5大匙
- 味醂：1.5大匙
- 蒜泥：1小匙

1

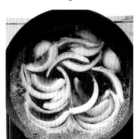

將調味料Ⓐ與切好的洋蔥倒入小平底鍋中以中火烹煮。

2

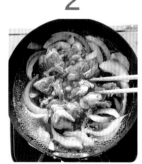

煮滾後將火關小，再加入豬肉片，並用筷子攪散均勻。

3

蓋上鍋蓋煮10分鐘左右即完成，再盛在白飯上，最後放上紅薑絲。

三色蓋飯

材料

雞胸絞肉：100g
雞蛋：2個
荷蘭豆：10根（去粗絲）

調味料

Ⓐ
- 醬油：1.5大匙
- 水：1.5大匙
- 砂糖：1大匙
- 味醂：1大匙

Ⓑ
- 鹽：少許
- 砂糖：少許

1

將調味料Ⓐ與絞肉倒入小平底鍋中攪拌均勻，開中火炒散至收汁，再翻炒至鬆散。

2

將雞蛋打散加入調味料Ⓑ，再用保鮮膜將碗蓋住並以微波爐加熱1分鐘，取出之後立刻攪拌均勻。

3

將荷蘭豆用保鮮膜包起來加熱1分鐘，再切成絲。最後將全部食材盛在白飯上。

5 海鮮雞蛋蓋飯

材料

蝦仁：80g
蟹肉棒：4根（切對半）
雞蛋：2個

調味料

沙拉油：2小匙

A [太白粉：1/2大匙]
　　[鹽：少許]

B [水：6大匙
　　　番茄醬：2大匙
　　　砂糖：1/2大匙
　　　雞粉：1小匙
　　　大蔥：10cm
　　　（切成末）]

1

將蝦仁與蟹肉棒均勻撒上調味料**A**。

2

將1小匙油倒入平底鍋中以中火加熱，雞蛋炒至半熟後盛出。

3

將1小匙油倒入平底鍋中，拌炒步驟1的蝦仁與蟹肉棒，再加入混合均勻的調味料**B**拌炒至濃稠狀，最後將雞蛋加入鍋中，稍微拌炒一下後再盛在白飯上。

6 青椒肉絲蓋飯

材料

豬肉絲：100g
青椒：2個（切成絲）
水煮竹筍：50g（切成絲）

調味料

沙拉油：1小匙

A
美乃滋：1大匙
太白粉：1小匙

B
水：3大匙
醬油：1大匙
蠔油：1大匙
砂糖：1小匙
蒜泥：1/2小匙

1

將豬肉絲與調味料Ⓐ攪拌均勻。

2

將油倒入平底鍋中以中火加熱，將豬肉炒至變色後，再加入竹筍與青椒拌炒至食材變軟。

3

將調料味Ⓑ混合均勻後倒入鍋中拌炒至收汁，最後盛在白飯上。

7 麻婆豆腐蓋飯

材料

豬絞肉：100g
板豆腐：1/2塊（切成約1cm塊狀）
大蔥：10cm（切成末）

調味料

沙拉油：1小匙

A
水：100ml
蠔油：1/2大匙
味噌：1/2大匙
砂糖：1小匙
雞粉：1小匙
豆瓣醬：1/2小匙

B
太白粉：1小匙
水：1小匙

1

將油倒入小平底鍋中以中火加熱，再將絞肉翻炒至鬆散。

2

將調味料A混合均勻後倒入鍋中，再加入豆腐烹煮3分鐘左右。

3

將調味料B混合均勻後與大蔥一起加入鍋中煮至濃稠狀，最後盛在白飯上。

8 炸雞塊蓋飯

材料

雞胸肉：200g（切成6等分片狀）
紅萵苣：2片

調味料

太白粉：適量
炸油：適量

A
醬油：1大匙
酒：1大匙

B
醬油：1.5大匙
醋：1.5大匙
砂糖：1大匙
番茄醬：1小匙
大蔥：1/2根（切成粗末）

1

將雞肉與調味料A攪拌均勻後醃5分鐘左右。

2

將步驟1的雞肉均勻裹上太白粉。

3

在小平底鍋中倒入1cm高的炸油預熱至中溫，放入雞肉油炸3～4分鐘。最後依序盛裝白飯、萵苣片、炸雞，再將調味料B混合均勻淋在上面。

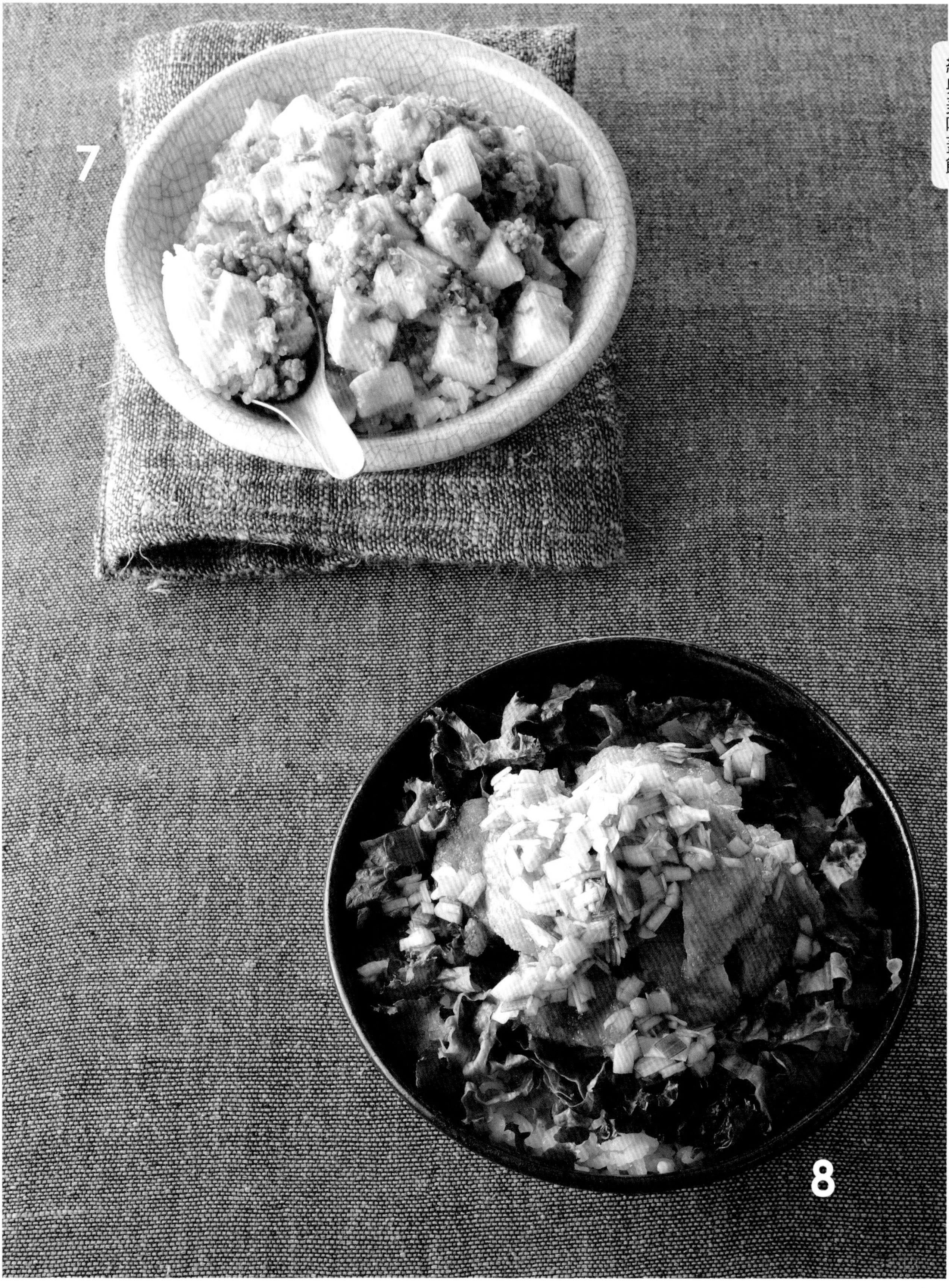
7
8

9 什錦蓋飯

材料

豬肉片：50g
綜合海鮮：50g（可依
個人喜好選擇）
白菜：150g（切成片狀）
紅蘿蔔：4cm（切成小
塊長條形）

調味料

麻油：1/2大匙

A
水：250ml
雞粉：1大匙
醬油：1/2大匙
砂糖：1/2大匙

B
太白粉：1小匙
水：2小匙

1

將麻油倒入平底鍋中以
中火加熱，再依序倒入
豬肉片、紅蘿蔔、綜合
海鮮、白菜後快速拌炒
幾下。

2

加入調味料Ⓐ，再煮3
分鐘左右。

3

將調味料Ⓑ混合均勻後
倒入鍋中煮至濃稠狀，
最後盛在白飯上。

10 豬肉泡菜蓋飯

材料

豬肉片：100g
泡菜：100g（稍微切碎）
韭菜：1/2把（切成約
4cm長）

調味料

麻油：1大匙

A ⎡ 醬油：1大匙
　　酒：1大匙
　　蠔油：1/2大匙
　　砂糖：1/2大匙 ⎦

1

將麻油倒入平底鍋中以中火加熱，再將豬肉拌炒至變色。

2

加入切碎的泡菜稍微拌炒一下。

3

將調味料Ⓐ混合均勻後與韭菜一起加入鍋中快速拌炒幾下，最後盛在白飯上。

15

11 蔥燒牛肉蓋飯

材料

牛肉片：100g
角椒：10根
大蔥：1根（切成粗末）

調味料

麻油：2小匙
鹽：少許
胡椒：少許

A
- 酒：2大匙
- 雞粉：1小匙
- 砂糖：1/2小匙
- 鹽：少許

1

將麻油倒入平底鍋中，再將牛肉撒上鹽和胡椒，稍微拌炒幾下。

2

在鍋中加入角椒，和牛肉一起拌炒後盛出。

3

將大蔥放入鍋中快速拌炒幾下，再加入調味料 A 炒至收汁即可。先將牛肉與角椒盛在白飯上，再放上大蔥即完成。

12 雞腿排蓋飯

材料

雞腿肉：200g（切對半）
大蔥：1/2根（切成大約5cm長）
角椒：6根

調味料

沙拉油：1小匙

A
- 水：2大匙
- 醬油：2大匙
- 砂糖：1大匙
- 味醂：1大匙

1

將油倒入小平底鍋中以中火加熱，將雞腿排以雞皮朝下放入鍋中，一旁順便油煎大蔥與角椒。角椒快速油煎後先盛出。

2

雞腿排與大蔥油煎3分鐘後翻面，可用紙巾將鍋中多餘油脂吸乾。

3

加入調味料A後蓋上鍋蓋，2～3分鐘後將食材盛出，將雞腿排切成容易入口的大小，再與大蔥、角椒一起盛在白飯上，最後將鍋中的醬汁繼續煮至濃稠狀再淋在上面即可。

熱炒鮮蔬豬肉蓋飯

材料

豬肉片：75g
高麗菜：75g（切成大約3cm寬）
豆芽菜：75g
紅蘿蔔：3cm（切成5mm寬的半圓形）

調味料

美乃滋：1大匙

A
[
水：1.5大匙
醬油：1/2大匙
雞粉：1小匙
砂糖：1/2小匙
鹽：少許
胡椒：少許
]

1

將高麗菜、紅蘿蔔、豆芽菜倒入耐熱玻璃盤中，蓋上保鮮膜，以微波爐加熱90秒。

2

平底鍋以中火預熱，加入美乃滋，再放入豬肉片一起拌炒。

3

等肉變色之後倒入步驟1的蔬菜，再加入調味料A拌炒至收汁，最後盛在白飯上。

14 三色叉燒蓋飯

材料

叉燒：75g（切成絲）
大蔥：1/2根（斜切成薄片）
小黃瓜：1/2根（斜切成薄片）

調味料

A
- 白芝麻：1小匙
- 雞粉：1小匙
- 砂糖：1小匙
- 醋：1小匙
- 辣油：1小匙
- 鹽：少許

1

將大蔥泡在水中。

2

用廚房紙巾仔細瀝乾大蔥的水分。

3

將所有材料放入容器中，加入調味料A攪拌均勻，再盛在白飯上。

15 南洋雞肉蓋飯

材料

雞胸肉：200g（切成兩片厚度相同的雞胸肉）
番茄：1/2個（切成月牙形）
生菜：2片

調味料

A ［ 醬油：1小匙
　　酒：1小匙 ］

B ［ 麵粉：1.5大匙
　　太白粉：1.5大匙 ］

C ［ 水：4大匙
　　醬油：1.5大匙
　　醋：1.5大匙
　　砂糖：1.5大匙
　　太白粉：1小匙 ］

1

將雞肉與調味料**A**攪拌均勻後醃5分鐘左右，再放入混合均勻的調味料**B**，讓雞肉外層包裹上一層薄粉。

2

在小平底鍋中倒入1cm高的炸油預熱至中溫，將雞肉油炸5～6分鐘後盛出，再切成容易入口的大小。

3

將調味料**C**倒入鍋中，一邊攪拌一邊加熱至濃稠狀，再將雞肉盛在白飯上後淋在上面，最後加上番茄與生菜。

16 紅醬豬肉蓋飯

材料

豬肉片：100g
青椒：1個（切成滾刀狀）
洋蔥：1/4個（切成7～8mm寬）

調味料

沙拉油：1小匙

A
- 番茄醬：2大匙
- 酒：2大匙
- 伍斯特醬：1/2大匙
- 砂糖：1/2大匙
- 胡椒：少許

1

將油倒入平底鍋中以中火加熱，加入豬肉片拌炒，等到豬肉變色後，再加入洋蔥。

2

洋蔥炒軟後，加入青椒繼續拌炒。

3

將調味料Ⓐ混合均勻後倒入鍋中，拌炒至收汁，最後盛在白飯上。

17 韭菜香煎豬肝蓋飯

材料

豬肝：150g（切成薄片）
韭菜：1把（切成5cm長）

調味料

麻油：2小匙

A
- 薑泥：1/2小匙
- 醬油：1小匙
- 酒：1小匙
- 太白粉：1大匙

B
- 醬油：1大匙
- 酒：1大匙
- 砂糖：1/2小匙

1

將豬肝以調味料 Ⓐ 抓醃一下。

2

將麻油倒入平底鍋中以中火加熱，再將豬肝倒入鍋中油煎。

3

豬肝煎至上色後翻面，油煎1分鐘左右再加入韭菜，並加入調味料 Ⓑ 煮至入味，最後盛在白飯上。

18 醬炒豆芽絞肉蓋飯

材料

豬絞肉：100g
大蔥：1/2根（斜切成細絲）
豆芽菜：200g

調味料

沙拉油：1小匙

A ┌ 伍斯特醬：2.5 大匙
│ 砂糖：1小匙
└ 胡椒：少許

1

將油倒入平底鍋中以中火加熱，加入豬絞肉翻炒炒散。

2

加入大蔥拌炒至軟化後，再加入豆芽菜。

3

豆芽菜翻炒至軟化後，加入調味料**A**拌炒至收汁，最後盛在白飯上。

19 苦瓜豆腐豬肉蓋飯

材料

豬肉片：75g
苦瓜：1/2根（去籽去膜後切成大約7～8cm寬的半圓形）
板豆腐：1/2塊（用廚房紙巾吸除水分）
雞蛋：1個
柴魚片：少許

調味料

沙拉油：2小匙

Ⓐ
味醂：1大匙
醬油：1/2大匙
鹽：少許

1

將油倒入平底鍋中以中火加熱，加入豬肉拌炒至變色。

2

用手將板豆腐撕碎成小塊加入鍋中，再持續拌炒至上色。

3

加入苦瓜拌炒至變軟後加入調味料Ⓐ，再倒入打散的雞蛋，快速拌炒幾下後盛在白飯上，最後撒上柴魚片。

20 嫩煎雞胸番茄蓋飯

材料

雞胸肉：250g（切成6等分）
番茄：1個（切成大約1cm小丁）
洋蔥：1/4個（切成粗末）

調味料

橄欖油：1小匙
鹽：少許
粗粒黑胡椒：少許

Ⓐ
橄欖油：1大匙
醋：1/2大匙
醬油：1小匙

1

將番茄、洋蔥、調味料Ⓐ、鹽、粗粒黑胡椒混合均勻後備用。

2

將油倒入平底鍋中以中火加熱，在雞胸肉上撒上鹽、粗粒黑胡椒，並將雞皮朝下放入鍋中。

3

油煎約3分鐘後翻面，再以小火油煎3～4分鐘後盛出。將雞肉盛在白飯上，最後再淋上步驟1即可。

19

20

21 馬鈴薯燉肉蓋飯

材料

豬肉片：75g
洋蔥：1/4個（切成7～8mm寬）
蒟蒻絲（已汆燙去除雜味）：100g（大略切碎）
馬鈴薯：1個

調味料

沙拉油：1小匙

Ⓐ
水：150ml
醬油：2大匙
砂糖：1大匙
味醂：1大匙

1

將馬鈴薯洗淨後用保鮮膜包起來以微波爐加熱3分鐘，再切成8等分小塊（可依個人喜好決定是否去皮）。

2

將油倒入平底鍋中以中火加熱，拌炒豬肉、洋蔥、蒟蒻絲，再加入調味料Ⓐ以小火煮5分鐘左右。

3

加入馬鈴薯後開大火煮至收汁，最後一起盛在白飯上。

22 咖哩豬肉蓋飯

材料

豬肉片：80g
洋蔥：1/4個（切成7～8mm寬）
香菇：2朵（切成7～8mm寬）
可依喜好加入蕗蕎

調味料

沙拉油：1/2大匙
咖哩粉：2小匙

Ⓐ
水：250ml
麵味露（3倍濃縮）：50ml
砂糖：1大匙

Ⓑ
太白粉：1大匙
水：2大匙

1

將油倒入平底鍋中以中火加熱，依序加入豬肉、洋蔥、香菇後快速拌炒，再加入咖哩粉。

2

拌炒入味後加入調味料Ⓐ，煮滾後再以小火煮3～4分鐘左右。

3

將調味料Ⓑ混合均勻後倒入鍋中，煮至濃稠狀後再盛在白飯上即可。

23 蟹肉雞蛋蓋飯

材料

蟹肉棒：4根（斜切成3
等分）

大蔥：10cm（切成粗末）

雞蛋：3個

調味料

沙拉油：2小匙

A [鹽：少許
胡椒：少許]

B [水：4大匙
醋：3大匙
番茄醬：1大匙
砂糖：1大匙
醬油：1大匙
太白粉：1小匙
雞粉：1/2小匙]

1

將雞蛋打散後與蟹肉
棒、大蔥、調味料 **A** 混
合均勻。將油倒入平底
鍋中以中火加熱，倒入
混合均勻的材料後大略
攪拌一下。

2

等蛋液底部凝固後翻
面，油煎1分鐘左右再
盛出，可依個人喜好切
成小塊。

3

將調味料 **B** 倒入小鍋中
一邊攪拌一邊加熱煮至
濃稠狀，最後將步驟2
盛在白飯上，並淋上調
味料 **B** 即可。

24 味噌肉燥蓋飯

材料

雞胸絞肉：100g
洋蔥：1/2個（切成粗末）
青椒：2個（切成粗末）
紅蘿蔔：3cm（切成粗末）

調味料

沙拉油：1小匙

A 味噌：2.5大匙
砂糖：1/2大匙
味醂：1/2大匙
醬油：1/2大匙

1

將油倒入平底鍋中以中火加熱，拌炒洋蔥與紅蘿蔔至軟化。

2

加入絞肉翻炒至鬆散。

3

加入青椒與調味料Ⓐ，再煮至收汁，最後盛在白飯上。

材料

鮭魚：1片（切對半）
高麗菜：100g（切成
7～8mm寬）
豆芽菜：100g
洋蔥：1/4個（切成7～
8mm寬）

調味料

奶油：10g

A ┌ 味噌：2.5大匙
 │ 酒：2大匙
 │ 砂糖：1/2大匙
 └ 醬油：1/2大匙

1

取一張鋁箔紙，依序放上高麗菜、豆芽菜、洋蔥、鮭魚，再將調味料**A**混合均勻後淋在上面，最後放上奶油。

2

將鋁箔紙包起來。

3

將100ml的水倒入平底鍋中，再放入包上鋁箔紙的材料，蓋上鍋蓋以小火加熱7～8分鐘左右，等食材煮熟後盛在白飯上。

26 洋蔥牛肉醬汁蓋飯

材料

牛肉片：80g
洋蔥：1/4個（切成
5mm寬）

調味料

沙拉油：1小匙

A
- 水：100ml
- 牛排醬：1/2罐
- 伍斯特醬：1/2
  大匙
- 番茄醬：1/2大匙

1

將油倒入小平底鍋中以
中火加熱，再加入牛肉
片拌炒。

2

加入洋蔥拌炒至軟化。

3

加入調味料Ⓐ後蓋上鍋
蓋以小火煮5～6分鐘左
右，最後盛在白飯上。

27 番茄蛋蓋飯

材料
雞蛋：3個
番茄：1個（切成大約1cm小丁）
蒜頭：1片（切成末）

調味料
橄欖油：1/2大匙
奶油：10g
粗粒黑胡椒：少許
鹽：少許

1

將橄欖油與蒜末倒入平底鍋中以中火加熱，加入番茄丁烹煮2分鐘至軟化，加入鹽和粗粒黑胡椒調味。

2

將雞蛋打散後加入少許鹽巴，蓋上保鮮膜以微波爐加熱90秒，再加入奶油攪拌均勻。

3

再次蓋上保鮮膜以微波爐加熱30秒，取出後再攪拌均勻，最後盛在白飯上，淋上步驟1並撒上黑胡椒即完成。

28 培根起司蛋蓋飯

材料

雞蛋：2個
切半培根：4片
披薩起司：30g

調味料

番茄醬：適量
鹽：少許
粗粒黑胡椒：少許

1

將15g起司鋪在平底鍋底再放上培根。

2

將雞蛋打在培根上以中火煎3分鐘左右。

3

將剩餘的起司、鹽、粗粒黑胡椒撒上後熄火，再盛在白飯上，最後可依喜好淋上番茄醬。

29 辣醬絞肉蓋飯

材料

牛豬綜合絞肉：100g
小番茄：6個（切對半）
洋蔥：1/4個（切成末）
萵苣：3片（撕碎）
披薩起司：適量

調味料

沙拉油：1小匙

A
　高湯粉：1/2小匙
　番茄醬：2大匙
　塔巴斯科辣椒醬：1/2小匙
　一味唐辛子：少許

1

將油倒入平底鍋中以中火加熱，再將絞肉翻炒至鬆散。

2

加入洋蔥拌炒至軟化。

3

加入調味料A再燉煮1～2分鐘左右，最後將萵苣、小番茄、燉煮好的材料盛在白飯上，再撒上起司。

30 夏威夷米漢堡蓋飯

材料

牛豬綜合絞肉：200g
洋蔥：1/4個（切成末）
雞蛋：2個（煎成荷包蛋）
生菜：適量

調味料

A
　麵包粉：4大匙
　牛奶：4大匙
　鹽：少許
　胡椒：少許

B
　酒：3大匙
　番茄醬：3大匙
　伍斯特醬：1大匙

1

將調味料A混合均勻後與洋蔥一起加入絞肉中，用手將其混合均勻成團狀。

2

將步驟1分成兩半再捏成圓餅狀，放入平底鍋以中火油煎。

3

煎至上色後翻面，再加入調味料B，蓋上鍋蓋以小火煮4～5分鐘。最後將漢堡排、生菜與荷包蛋盛在白飯上，並將剩餘的醬汁煮至濃稠狀淋在上面。

29

30

涼拌小松菜

1　將小松菜切除根部後洗淨，再用保鮮膜包起來。

2　以微波爐加熱2分鐘左右再浸泡在水中。

3　擠乾水分後切成容易入口的大小。

材料

小松菜：200g

調味料

醬油：適量
柴魚片：適量

各式涼拌蔬菜
都能利用這個方法
快速完成喔！

韓式涼拌紅蘿蔔

1　將紅蘿蔔放入耐熱玻璃盤中，再蓋上保鮮膜，以微波爐加熱1分鐘左右。

2　由微波爐取出後趁熱與調味料 Ⓐ 攪拌均勻，冷卻後即完成。

輕輕鬆鬆就能享用，
不敢吃紅蘿蔔的人
也可以試試看！

材料

紅蘿蔔：1/2根（切成絲）

調味料

Ⓐ
白芝麻粉：2小匙
麻油：1小匙
蒜泥：1/4小匙
砂糖：1/2小匙
鹽：少許

第2章

健康低卡蓋飯

想要吃得營養不發胖？
只要調整分量與配料，
就能吃出低卡美味！

31 辣炒蒟蒻菇菇蓋飯

材料

鴻喜菇：1包
蒟蒻絲：100g（已汆燙
去除雜味）
蘆筍：2根（削除下半部
粗絲後切成4cm長）

調味料

沙拉油：1小匙

A ⎡ 水：3大匙
　　醬油：1小匙
　　蠔油：1小匙
　　太白粉：1/2小匙
　　雞粉：1/2小匙
　　辣豆瓣醬：1/3小匙 ⎦

1

將油倒入平底鍋中以中
火加熱，再加入鴻喜菇
與蒟蒻絲拌炒。

2

等鴻喜菇變軟後再加入
蘆筍。

3

將調味料Ⓐ混合均勻後
加入鍋中，煮至濃稠狀
再盛在白飯上。

32 秋葵納豆蓋飯

材料

蘿蔔乾：20g
納豆：2盒
秋葵：5根

調味料

芥末醬：適量
白芝麻：適量
Ⓐ ┌ 醬油：1.5大匙 ┐
　 └ 味醂：1大匙　 ┘

1

將蘿蔔乾泡發後瀝乾水分，切成1cm寬。

2

將秋葵汆燙後切成小塊備用。

3

將所有材料加入調味料Ⓐ混合均勻，再盛在白飯上，最後加上芥末醬與白芝麻。

33 櫻花蝦佐涼拌豆腐蓋飯

1

2

3

材料

嫩豆腐：1塊（大約切成
1.5cm寬）
櫻花蝦：5g
魩仔魚：15g
細蔥：2根（切成蔥花）

調味料

麻油：2大匙

Ⓐ ［ 醬油：1.5大匙
　　醋：1大匙 ］

將麻油、櫻花蝦、魩仔
魚倒入小平底鍋中以中
火加熱。

炒香後熄火，再加入調
味料Ⓐ。

將豆腐切成數塊放在白
飯上，再盛上步驟2，
最後撒上蔥花。

34 油豆腐蛋花蓋飯

健康低卡蓋飯

材料

油豆腐：2塊（切成大約
1cm寬）
小松菜：100g（切成
1cm長）
雞蛋：2個

調味料

Ⓐ 　麵味露（3倍濃
　　縮）：2.5大匙
　　水：200ml

1

將調味料Ⓐ倒入平底鍋
中，煮滾後加入油豆腐
再蓋上鍋蓋，以小火煮
2分鐘左右。

2

加入小松菜拌炒。

3

等小松菜變軟後，再加
入打散的雞蛋並蓋上鍋
蓋，待雞蛋煮至喜好的
熟度後盛在白飯上。

35 味噌油豆腐茄子蓋飯

材料

厚片油豆腐：1塊（汆燙
後對半直切成1cm厚）
茄子：1根（切成1cm寬
的半圓形）

調味料

沙拉油：1/2大匙

Ⓐ
水：5大匙
味噌：2大匙
砂糖：2小匙
味醂：2小匙

1

將油倒入平底鍋中以中
火加熱，再將茄子快速
拌炒幾下後盛出。

2

將厚片油豆腐放入鍋中
煎至兩面上色。

3

加入調味料Ⓐ後將茄子
放回鍋中燉煮，最後盛
在白飯上。

36 辣味蒲燒沙丁魚蓋飯

材料

沙丁魚：2尾（對半切開）
角椒：10根

調味料

太白粉：適量
沙拉油：1/2大匙

Ⓐ
┌ 醬油：1.5大匙
│ 酒：1.5大匙
│ 味醂：1.5大匙
│ 砂糖：1/2大匙
│ 一味唐辛子：
└ 適量

1

將沙丁魚均勻裹覆上一層太白粉。

2

將油倒入平底鍋中以中火加熱，放入沙丁魚油煎。一旁順便油煎角椒，等角椒熟了先盛出備用。

3

待沙丁魚上色後翻面，再加入調味料Ⓐ煮至入味，最後盛在白飯上並放上角椒。

37 涼拌沙拉生蛋蓋飯

材料

蘘荷：1根（斜切成薄片）
青紫蘇葉：3片（切成絲）
白蘿蔔：5cm
雞蛋：2個
白芝麻：適量

調味料

麵味露（3倍濃縮）：
3大匙

1

白蘿蔔去皮後磨成泥。

2

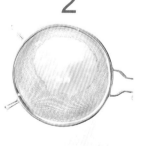

用濾網將白蘿蔔泥的湯汁瀝出。

3

將白蘿蔔泥與其他蔬菜盛在白飯上，再打上生雞蛋，最後將瀝出的白蘿蔔汁與麵味露混合均勻淋在上面並灑上白芝麻即完成。

38 芥末照燒竹輪蓋飯

1 **2** **3**

材料

竹輪：粗的1根（對半直切成4cm長）

大蔥：1根（切成大約4cm長）

調味料

沙拉油：1小匙

芥末籽：1/2大匙

Ⓐ
水：2大匙
醬油：1大匙
砂糖：1大匙
味醂：1大匙

將油倒入平底鍋中以中火加熱，再將竹輪與大蔥放入鍋中。

等竹輪稍微膨脹、大蔥全部上色後，將調味料Ⓐ混合均勻倒入鍋中煮至入味。等醬汁煮至濃稠狀，再取出食材盛在白飯上。

將剩餘的醬汁與芥末籽混合均勻後淋在食材上面即可。

39 芝麻醬佐雞胸肉蓋飯

材料

雞胸肉：150g
小黃瓜：1根（切成絲）
番茄：1/2個（切成薄月牙狀）

調味料

芝麻醬：適量
辣油：適量

Ⓐ ┌ 酒：2大匙
  │ 水：2大匙
  └ 鹽：少許

1

將雞肉與調味料Ⓐ放入耐熱玻璃容器中，蓋上保鮮膜以微波爐加熱2分30秒。

2

直接蓋著保鮮膜放涼，冷卻後再掀開保鮮膜。

3

將雞胸肉切片，再將小黃瓜、番茄與雞肉盛在白飯上，最後淋上芝麻醬與辣油。

40 韭菜粉絲豬肉蓋飯

1

2

3

材料

豬肉片：50g（切成絲）

粉絲：30g

洋蔥：1/4個（切成絲）

韭菜：1/2把（大約切成
4cm長）

調味料

麻油：2小匙

水：150ml

Ⓐ
- 醬油：2大匙
- 砂糖：1大匙
- 酒：1大匙
- 雞粉：1/2小匙
- 蒜泥：1/2小匙

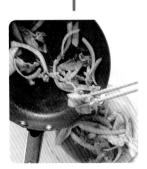

將麻油倒入小平底鍋中
以中火加熱，再將豬肉
與洋蔥快速拌炒幾下，
加入一半分量的調味料
Ⓐ混合後盛出。

將剩餘的調味料Ⓐ與水
倒入鍋中開火，煮滾後
加入粉絲，再蓋上鍋蓋
以小火煮5分鐘左右。

將盛出的食材與韭菜倒
入鍋中拌炒至收汁，最
後盛在白飯上。

41 韓式沙拉蓋飯

材料

大蔥：1/2根
小黃瓜：1根
紅萵苣：1/4個（撕碎）
韓國海苔：3片（撕碎）

調味料

A ┌ 燒肉醬：3大匙
　　│ 麻油：1大匙
　　│ 醋：1/2大匙
　　└ 芝麻醬：1小匙

1

將大蔥斜切成薄片，泡在水中2分鐘左右再用廚房紙巾吸乾水分。

2

將小黃瓜放入袋中，用玻璃瓶等器具敲碎。

3

將大蔥、小黃瓜、紅萵苣與調味料Ⓐ攪拌均勻，最後盛在白飯上並撒上海苔。

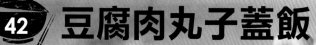

42 豆腐肉丸子蓋飯

材料

雞胸絞肉：150g
板豆腐：1/4塊（用廚房紙巾吸收多餘水分）
蘿蔔嬰：適量（去除根部）

調味料

沙拉油：少許

A
- 美乃滋：1大匙
- 太白粉：2小匙
- 鹽：少許

B
- 水：3大匙
- 醬油：1大匙
- 砂糖：1/2大匙
- 味醂：1/2大匙

1

先用手甩打絞肉，再加入調味料Ⓐ與板豆腐一起混合均勻。

2

將少量沙拉油倒入平底鍋中，再將步驟1的豆腐絞肉分成8等分，揉捏成肉丸後放入鍋中以中火油煎。

3

油煎3分鐘左右等肉丸上色後翻面，加入調味料Ⓑ再蓋上鍋蓋以小火加熱4～5分鐘。最後盛在白飯上，再將醬汁煮成濃稠狀淋在上面，並放上蘿蔔嬰。

43 果醋蔥燒雞蓋飯

材料

雞里肌：4塊（每塊再切成4片）
細蔥：4根（切成蔥花）

調味料

太白粉：適量
麻油：1小匙

A [果醋：3大匙
水：1.5大匙]

1

將雞里肌外層包裹上薄薄一層太白粉。

2

將麻油倒入平底鍋中以中火加熱，再將雞肉雙面油煎，加入調味料A。

3

一直煮至醬汁呈濃稠狀後加入蔥花，最後盛在白飯上。

44 山藥泥菇菇蓋飯

材料

金針菇：1包（切成大約1cm寬）
滑菇：1包（快速清洗）
山藥：100g
青紫蘇葉：適量

調味料

Ⓐ
醬油：1.5大匙
味醂：1.5大匙
醋：1/2大匙
鹽：少許

1

將調味料Ⓐ與菇類倒入鍋中。

2

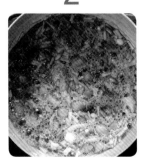

用小火煮5分鐘左右。

3

山藥去皮後放入袋中，用玻璃瓶等器具敲碎。將青紫蘇葉鋪在白飯上，再盛上山藥泥與煮好的菇類。

45 白醬鮭魚豆腐蓋飯

材料

鮭魚：1片（切成大約一口吃的大小）

洋蔥：1/4個（切成大約1cm寬）

紅蘿蔔：4cm（切成4等分的塊狀）

嫩豆腐：1/2塊

調味料

麵粉：適量

沙拉油：1/2大匙

Ⓐ [高湯粉：2小匙
　　水：100ml]

1

將油倒入小平底鍋中以中火加熱，鮭魚撒上麵粉後放入鍋中，一旁順便拌炒洋蔥與紅蘿蔔。

2

加入調味料Ⓐ後蓋上鍋蓋，烹煮5分鐘左右。

3

用打蛋器將嫩豆腐打成泥狀後加入鍋中，烹煮約2分鐘，最後盛在白飯上。

46 鮪魚牛蒡沙拉蓋飯

材料

鮪魚罐頭：1罐
牛蒡：1/2根
青紫蘇葉：2片（切成絲）
紅萵苣：適量

調味料

Ⓐ 美乃滋：1.5大匙
醬油：1小匙
醋：1小匙
鹽：少許

1

將牛蒡洗淨，用削皮刀削成薄片。

2

煮一鍋滾水，將牛蒡汆燙1分鐘左右。

3

將鮪魚的油脂瀝乾，與牛蒡、青紫蘇葉、調味料Ⓐ攪拌均勻，最後盛在白飯上並擺上紅萵苣即可。

47 魚肉山芋餅起司蓋飯

材料

魚肉山芋餅：大片的1片
（切成4等分）
披薩起司：適量
洋蔥：1/2個（切成粗末）
萵苣：適量

調味料

沙拉油：1/2大匙

A
醬油：1大匙
酒：1大匙
醋：1/2小匙
粗粒黑胡椒：
少許

1

將油倒入平底鍋中以中
火加熱，再將魚肉山芋
餅放入鍋中油煎。

2

翻面後放上起司，等起
司融化後盛出。

3

將洋蔥放入平底鍋中拌
炒，變軟後加入調味
料A，將萵苣擺在白飯
上，再將魚肉山芋餅盛
上並淋上洋蔥醬汁。

48 滑嫩雞里肌蓋飯

材料

雞里肌：2塊（各切成3片）
小松菜：100g（切成4～5cm長）
紅蘿蔔：3cm（切成小塊長方形）

調味料

太白粉：適量

Ⓐ 麵味露（3倍濃縮）：2.5大匙
水：150ml

1

將調味料Ⓐ與紅蘿蔔放入鍋中開火加熱。

2

將雞里肌撒上薄薄一層太白粉，等醬汁煮滾後加入鍋中。

3

蓋上鍋蓋以小火煮3分鐘左右，再加入小松菜煮至變軟，最後盛在白飯上。

49 香腸蛋蓋飯

材料

魚肉香腸：2根（對半直切後再切成3等分）
嫩生菜：適量
雞蛋：1個

調味料

乾燥巴西利：少許（可省略）
麵粉：適量
橄欖油：1大匙

Ⓐ [番茄醬：適量
芥末籽：適量]

1

將魚肉香腸撒上乾燥巴西利，再沾裹上薄薄一層麵粉。

2

將步驟1沾裹上打散的蛋液。

3

將油倒入平底鍋中以中火加熱，再將步驟2放入鍋中，煎至兩面上色後盛在白飯上，最後再放上嫩生菜並淋上調味料Ⓐ即可。

50 番茄綜合豆蓋飯

材料

綜合豆：120g
蒜頭：1瓣（切成末）
洋蔥：1/4個（切成末）
番茄：1個

調味料

橄欖油：1大匙
咖哩粉：1小匙
鹽：少許

Ⓐ ［ 番茄醬：2大匙 ］
　　胡椒：少許

1

將橄欖油與蒜頭放入鍋中開火加熱。

2

爆香後加入洋蔥、綜合豆、咖哩粉、番茄，翻炒至番茄變軟爛。

3

加入調味料Ⓐ後蓋上鍋蓋，以小火煮2分鐘左右，最後加鹽調味再盛在白飯上。

豆芽菜咖哩湯

1 將調味料 Ⓐ 倒入鍋中開火加熱，再倒入調味料 Ⓑ。

2 等步驟1煮滾後加入豆芽菜，再煮2分鐘左右。

> 蓋飯與湯品最速配！
> 咖哩風味還能讓
> 食慾大開！

材料

豆芽菜：100g（快速沖洗一下）

調味料

Ⓐ [咖哩粉：1/2小匙
沙拉油：1小匙]

Ⓑ [水：300ml
高湯粉：2小匙]

油豆腐高麗菜味噌湯

1 用廚房紙巾將油豆腐包起來，以微波爐加熱20秒左右。

2 加熱後擦乾油脂，再對半直切成7～8mm寬。

3 將高湯倒入鍋中加熱，再將高麗菜與油豆腐放入鍋中煮2分鐘左右，最後加入味噌攪散。

> 光吃蓋飯無法滿足的人，
> 一定要來上一碗
> 料多味美的味噌湯！

材料

油豆腐：1片
高麗菜：1片（切成7～8mm長的細絲）

調味料

高湯：400ml
味噌：1.5大匙

第3章

超省時蓋飯

只要利用加工食品，就能省下料理的時間，大家一定要試試看！

51 烤雞親子蓋飯

材料

烤雞罐頭：1罐
洋蔥：1/2個（切成7～8mm寬）
山芹菜：適量（切成大約4cm長）
雞蛋：2個

調味料

Ⓐ
水：100ml
醬油：1.5大匙
砂糖：1大匙
味醂：1大匙

1

將調味料Ⓐ與洋蔥放入平底鍋中開火加熱。

2

煮滾後將烤雞罐頭連同湯汁一併倒入鍋中，再蓋上鍋蓋以小火烹煮2分鐘。

3

加入山芹菜，再將打散的雞蛋由中央往外側倒入鍋中，最後蓋上鍋蓋將雞蛋煮至偏好的熟度，再盛在白飯上。

52 味噌青花魚蓋飯

材料

味噌青花魚罐頭：1罐
高麗菜：100g（切成3cm的塊狀）
大蔥：10cm（切成大約1cm寬）

調味料

麻油：1/2大匙

A
- 酒：1大匙
- 醬油：1小匙
- 豆瓣醬：1/2小匙
- 薑泥：1/2小匙

1

將麻油與大蔥放入平底鍋中開火加熱。

2

加入高麗菜稍微翻炒後，將味噌青花魚罐頭倒入鍋中。

3

青花魚炒散後加入調味料 A，再翻炒至收汁，最後盛在白飯上。

名古屋風の
蒲燒秋刀魚蓋飯

53

材料

蒲燒秋刀魚罐頭：2罐
細蔥：3根（切成蔥花）
柴漬：適量（切成粗末）

調味料

A
高湯：300ml
醬油：1小匙
味醂：1小匙
鹽：少許

1

將蒲燒秋刀魚罐頭連同湯汁一併倒入耐熱玻璃盤中用保鮮膜蓋住，以微波爐稍微加熱後切成小塊。

2

在碗裡盛入一半的白飯，再盛上一半的蒲燒秋刀魚，最後盛上剩餘的白飯。

3

將剩餘的秋刀魚盛在白飯上。最後放上蔥花與柴漬，再依喜好將煮好的調味料A淋在上面。

54 **熱炒蒜苗沙丁魚蓋飯**

材料

沙丁魚罐頭：1罐
蒜苗：1把（切成4cm長）
蒜頭：1瓣（切成末）

調味料

麻油：1大匙

Ⓐ ┌ 酒：2小匙
　└ 蠔油：1小匙

1

將麻油與蒜頭倒入平底鍋中開火加熱。

2

爆香後倒入蒜苗，翻炒至軟化。

3

將沙丁魚罐頭連同湯汁一併加入鍋中，再加入調味料Ⓐ，翻炒至收汁，最後盛在白飯上。

55 柳川青花魚蓋飯

材料

青花魚罐頭：1罐
牛蒡：1/3根（外皮洗淨
後用削皮刀削成薄片）
雞蛋：1個

調味料

Ⓐ
水：200ml
醬油：1/2大匙
味醂：1/2大匙
鹽：少許

1

將調味料Ⓐ與牛蒡倒入小平底鍋中開火加熱。

2

煮滾後將青花魚罐頭連同湯汁一併倒入鍋中，以木製鍋鏟攪散，再蓋上鍋蓋以小火煮2分鐘左右。

3

將打散的雞蛋由中央往外側倒入鍋中，蓋上鍋蓋後將雞蛋煮至個人喜好的熟度，最後盛在白飯上。

56 味噌青花魚燉泡菜蓋飯

材料

味噌青花魚罐頭：1罐
泡菜：100g（大略切碎）
雞蛋：2個

調味料

A
水：100ml
麻油：1小匙
醬油：1小匙
雞粉：1/2小匙

1

將調味料A倒入小平底鍋中開火加熱，煮滾後再將味噌青花魚罐頭連同湯汁一併加入鍋中。

2

加入泡菜繼續烹煮2分鐘左右。

3

打入雞蛋後蓋上鍋蓋，稍微煮一下，最後盛在白飯上。

57 韭菜鮪魚炒蛋蓋飯

材料

鮪魚罐頭：1罐
韭菜：1把（切成3cm長）
雞蛋：2個

調味料

沙拉油：1/2大匙

Ⓐ
┌ 醬油：1.5大匙
│ 酒：1.5大匙
│ 味醂：1.5大匙
│ 砂糖：1/2大匙
└ 一味唐辛子：適量

1

將油倒入平底鍋中開火加熱，再將打散的雞蛋加入鍋中，煮至半熟後盛出。

2

依序將瀝除湯汁的鮪魚罐頭、韭菜、調味料Ⓐ倒入平底鍋中，再以木製鍋鏟一邊攪散一邊拌炒材料。

3

將雞蛋倒回鍋中，再大略拌炒幾下，最後盛在白飯上。

58 韓式辣醬鮪魚沙拉蓋飯

材料

鮪魚罐頭：1罐
萵苣：3片（撕碎）
紅蘿蔔：3cm（切成絲）

調味料

Ⓐ
美乃滋：1大匙
韓式辣醬：1/2大匙
白芝麻粉：1/2大匙
醬油：1/2大匙

1

將鮪魚罐頭的湯汁瀝除後，加入調味料Ⓐ攪拌均勻。

2

將紅蘿蔔絲、萵苣與步驟1混合均勻。

3

盛在白飯上即可。

沙丁魚佐山藥泥蓋飯

材料

沙丁魚罐頭：1罐
山藥：200g

調味料

醬油：適量
芥末泥：適量

1

山藥去皮後放入塑膠袋中，用玻璃瓶等器具敲碎成泥狀。

2

將沙丁魚罐頭裝盤，蓋上保鮮膜以微波爐加熱1分鐘左右。

3

將沙丁魚盛在白飯上，淋上湯汁與山藥泥，再放上芥末泥，最後可依喜好淋上醬油。

60 快炒咖哩可樂餅蓋飯

材料

可樂餅：2個（切成6等分）
洋蔥：1/4個（切成大約5mm寬）
高麗菜：100g（切成大約3cm寬）

調味料

沙拉油：1小匙

Ⓐ ⎡ 伍斯特醬：1.5大匙
　　 咖哩粉：1小匙
　　 鹽：少許
　　 胡椒：少許 ⎦

1

將油倒入平底鍋中以中火加熱，再加入洋蔥與高麗菜拌炒。

2

蔬菜炒軟後將調味料Ⓐ混合均勻加入鍋中，再快速拌炒幾下。

3

加入可樂餅，再大略翻炒幾下即可，最後盛在白飯上。

61 雞蛋可樂餅蓋飯

材料

可樂餅：2個（切成大約1.5cm寬）
洋蔥：1/4個（切成1cm寬）
雞蛋：2個

調味料

Ⓐ
- 水：150ml
- 番茄醬：2大匙
- 醬油：1小匙
- 高湯粉：1小匙

1

將調味料Ⓐ與洋蔥倒入小平底鍋中，再蓋上鍋蓋以小火烹煮約3分鐘左右。

2

加入可樂餅再煮一下。

3

將打散的雞蛋由中央往外側倒入鍋中，煮至喜好的熟度，最後盛在白飯上。

62 可樂餅佐味噌芡汁蓋飯

材料

可樂餅：2個（切成4等分）
鴻喜菇：1/2包（撕散）

調味料

A
水：150ml
味噌：1.5大匙
酒：1大匙
砂糖：1大匙
醬油：1小匙

B
太白粉：1小匙
水：2小匙

1

將調味料Ⓐ與鴻喜菇倒入小平底鍋中開火加熱烹煮。

2

等鴻喜菇變軟後，再將調味料Ⓑ混合均勻加入鍋中。

3

將可樂餅盛在白飯上，待步驟2煮至濃稠狀後再淋在上面。

63 韓式炸雞蓋飯

材料

炸雞：4塊（加熱後切成對半）

小黃瓜：1根

調味料

白芝麻：少許

A
- 韓式辣醬：1大匙
- 番茄醬：1/2大匙
- 砂糖：1/2大匙
- 蒜泥：1/2小匙

1

將調味料 Ⓐ 倒入耐熱容器中，不蓋保鮮膜以微波爐加熱1分鐘。

2

將小黃瓜放入袋中以玻璃瓶等器具敲碎。

3

將炸雞、小黃瓜與步驟1攪拌均勻後盛在白飯上，再撒上芝麻。

64 烤番茄起司炸雞蓋飯

材料

炸雞：4塊（切成4等分）
番茄：1個（切成1cm小丁）
披薩起司：適量

調味料

Ⓐ [番茄醬：1大匙
塔巴斯科辣椒醬：
適量]

1

將炸雞與番茄放在耐熱
玻璃盤中。

2

淋上調味料Ⓐ再撒上披
薩起司。

3

以小烤箱烤10分鐘左右
使材料上色，最後盛在
白飯上。

65 炸雞鍋蓋飯

材料
炸雞：4塊（切成對半）
白蘿蔔：200g
細蔥：2根（切成末）

調味料
麵味露（3倍濃縮）：
2大匙

1

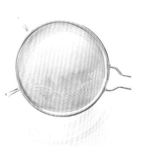

先將白蘿蔔去皮後磨成泥，再用濾網瀝出白蘿蔔泥的湯汁。

2

將瀝出的白蘿蔔汁與麵味露倒入小平底鍋中開火加熱。

3

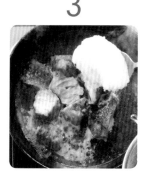

煮滾後將炸雞與白蘿蔔泥倒入鍋中煮一下，再盛在白飯上，最後撒上細蔥。

66 泡菜炸雞佐荷包蛋蓋飯

材料
炸雞：4塊（切成4等分）
泡菜：100g
雞蛋：2個

調味料
麻油：1小匙
Ⓐ [醬油：1小匙
　　味醂：1小匙]

1

將麻油倒入平底鍋中以中火加熱，再打入雞蛋，並將荷包蛋煎成喜好的熟度後盛出。

2

以小平底鍋翻炒泡菜與炸雞。

3

加入調味料Ⓐ調味，再盛在白飯上，最後放上荷包蛋。

65

66

醃白菜

1　將白菜與調味料Ⓐ放入塑膠袋中混合均勻。

2　將步驟1用手揉捏1分鐘左右，再擠出袋中空氣醃漬5分鐘左右。

> 用昆布與柴魚來提升風味，短短幾分鐘醬菜就完成囉！

材料

白菜：2片（切成7～8mm寬的細絲）

調味料

Ⓐ
鹽昆布：5g
柴魚片：1g
醬油：1小匙

醃漬芥末洋蔥切片

1　將洋蔥切成薄片後浸泡在水中。

2　瀝除水分後與調味料Ⓐ混合均勻。

> 清爽的醬菜與蓋飯最絕配！

材料

洋蔥：1/2個

調味料

Ⓐ
醋：2小匙
芥末籽：1小匙
鹽：少許
胡椒：少許

第4章

特殊風味蓋飯

令人意想不到的食材，加點巧思與變化，變身一道道絕妙滋味的美味蓋飯！

67 拿波里香腸蓋飯

材料

德國香腸：3根（斜切成
1cm寬）

洋蔥：1/4個（大約切成
5mm寬）

青椒：1個（切成輪圈狀）

調味料

沙拉油：1小匙

A
- 番茄醬：3大匙
- 水：2大匙
- 砂糖：1/2大匙
- 太白粉：1/2小匙

B
- 起司粉：適量
- 塔巴斯科辣椒醬：適量

1

將油倒入小平底鍋中以中火加熱，加入洋蔥與香腸拌炒。

2

加入混合均勻的調味料**A**煮至濃稠狀。

3

加入青椒快速拌炒幾下，再盛在白飯上，最後依個人喜好撒上調味料**B**。

68 奶油蘆筍培根蓋飯

材料

培根（一半長度）：4片
（切成1cm寬的細絲）

蘆筍：4根（去除粗絲後斜切成1cm寬）

調味料

橄欖油：1/2大匙

A
- 起司粉：適量
- 鹽：適量
- 粗粒黑胡椒：適量

B
- 雞蛋：1個
- 牛奶：4大匙
- 水：2大匙
- 起司粉：2大匙

1

將油倒入平底鍋中以中火加熱，先炒培根再加入蘆筍，接著再加入調味料**A**，持續翻炒至材料變軟。

2

將調味料**B**混合均勻。

3

將調味料**B**倒入鍋中攪拌後立即關火，再盛在白飯上。最後依個人喜好撒上起司粉、粗粒黑胡椒。

67

68

69 蒜辣小魚高麗菜蓋飯

材料

高麗菜：100g（切成1cm寬）
魩仔魚：30g
蒜頭：1瓣（切成末）
辣椒片：適量

調味料

橄欖油：2大匙

A
- 水：3大匙
- 太白粉：1/2小匙
- 鹽：少許
- 粗粒黑胡椒：少許

1

將橄欖油、蒜頭末、辣椒片放入平底鍋中開火加熱。

2

爆香後加入魩仔魚與高麗菜。

3

等高麗菜變軟後，將調味料 **A** 混合均勻倒入鍋中，煮至濃稠狀再盛在白飯上。

70 茄汁海鮮蓋飯

材料

綜合海鮮：100g（依個
人喜好搭配選擇）
番茄罐頭：1/2罐
蒜頭：1瓣（切成粗末）
巴西利：適量（切成末）

調味料

橄欖油：2大匙
鹽：1/4小匙
胡椒：少許

1

將油與蒜頭倒入小平底
鍋中以中火加熱，再加
入綜合海鮮翻炒至熟透
後盛出。

2

將番茄罐頭倒入平底鍋
中以小火拌炒2分鐘左
右，煮至收汁後加入鹽
巴與胡椒。

3

將綜合海鮮倒回鍋中快
速煮一下，再盛在白飯
上，最後依個人喜好撒
上巴西利。

南法燉鮮蔬蓋飯

1

2

3

材料

蒜頭：1瓣（切成粗末）
洋蔥：1/4個（切成大約
1cm寬）
茄子：1條（切成輪切狀）
櫛瓜：1/2根（切成輪切狀）
番茄：1個（切成大約
1cm小丁）
月桂葉：1片

調味料

橄欖油：2大匙
鹽：1/4小匙
胡椒：少許

1. 將蒜頭與橄欖油倒入小平底鍋中以中火加熱。

2. 爆香後將番茄以外的蔬菜放入鍋中。

3. 等蔬菜變軟後，再加入番茄、月桂葉、鹽、胡椒，蓋上鍋蓋以小火煮10分鐘左右，最後盛在白飯上，可依個人喜好淋上些許橄欖油。

72 焗烤茄子絞肉蓋飯

1

2

3

材料

牛豬綜合絞肉：100g
茄子：1個（切成5mm
寬的薄片）
馬鈴薯：1個（切成
5mm寬的半圓形）
披薩起司：適量

調味料

A
橄欖油：1大匙
鹽：1/4小匙
粗粒黑胡椒：
少許

將茄子和馬鈴薯切好備
用（馬鈴薯也可去皮後
使用）。

將馬鈴薯、綜合絞肉、
茄子交錯放入耐熱玻璃
盤中。

加入調味料Ⓐ並撒上起
司，以烤箱烤15分鐘，
再盛在白飯上。

73 燒烤BBQ風味蓋飯

材料

棒棒腿：6隻
小番茄：6個

調味料

沙拉油：1小匙
蜂蜜：1/2大匙

A [
水：4大匙
醬油：1大匙
番茄醬：1大匙
砂糖：1/2大匙
薑泥：1小匙
]

1

將油倒入小平底鍋中以中火加熱，再將棒棒腿放入鍋中。

2

等棒棒腿全部上色後，加入調味料**A**後蓋上鍋蓋烹煮。

3

煮5分鐘左右再加入蜂蜜，煮至湯汁呈濃稠狀後和小番茄一起盛在白飯上。

74 義式番茄燉魚蓋飯

材料

竹筴魚：1尾（切成2片）
蛤蠣（已吐沙）：100g
小番茄：8個（去除蒂頭）
蒜頭：1瓣（壓碎）

調味料

橄欖油：3大匙
粗粒黑胡椒：少許

Ⓐ ｛ 水：100ml
　　 鹽：1/4小匙 ｝

1

將1.5大匙橄欖油與蒜頭加入平底鍋中以中火加熱，爆香之後再放入竹筴魚。

2

竹筴魚上色後翻面，倒入洗淨的蛤蠣與番茄，再加入調味料Ⓐ。

3

烹煮4～5分鐘，過程中需不時搖晃鍋子。加入少許鹽巴與1.5大匙橄欖油，再盛在白飯上，最後撒上胡椒。

75 白醬菇菇雞肉蓋飯

材料

雞胸肉：100g（切成4等分）
洋蔥：1/4個（切成大約5mm）
鴻喜菇：1/2包（撕散）

調味料

沙拉油：1大匙
麵粉：1/2大匙
牛奶：150ml
鹽：1/4小匙
乾燥巴西利：少許

1

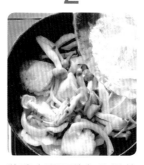

將油倒入小平底鍋中以中火加熱，再將雞肉撒上少許麵粉下鍋油煎。

2

將雞肉翻面後加入洋蔥與鴻喜菇，翻炒至材料變軟，再加入1/2大匙麵粉。

3

等到麵粉炒散後慢慢加入牛奶，再以小火煮5分鐘左右後加鹽調味，盛在白飯上，最後撒上巴西利。

76 芥末籽熱炒蔬菜蓋飯

材料

茄子：2根（切成滾刀塊）
小黃瓜：1根
小番茄：4個（切對半）

調味料

橄欖油：1.5大匙

A
- 醬油：1大匙
- 味醂：1大匙
- 水：1大匙
- 粗粒黑胡椒：1/2大匙
- 芥末籽：適量

1

將小黃瓜對半直切後用湯匙去籽，再切成約3cm長的塊狀。

2

將油倒入平底鍋中以中火加熱，再依序加入茄子、小黃瓜、小番茄持續拌炒。

3

等材料炒軟後，將調味料Ⓐ混合均勻倒入鍋中，炒至收汁後盛在白飯上。

77 大阪燒風味蛋包蓋飯

材料

雞蛋：3個
細蔥：5根（切成蔥花）
高麗菜：100g（切成絲）

調味料

沙拉油：1小匙

A ┌ 油炸碎屑（麵
　　花）：3大匙
　　└ 紅薑絲：2大匙

B ┌ 大阪燒醬：適量
　　│ 美乃滋：適量
　　│ 青海苔：適量
　　└ 柴魚片：適量

1

將油倒入小平底鍋中以中火加熱，再將雞蛋、細蔥、高麗菜、調味料 **A** 混合均勻後倒入鍋中大略攪拌幾下。

2

蓋上鍋蓋後以小火加熱3分鐘。

3

翻面後再煎1～2分鐘左右，盛出後切成容易入口的大小盛在白飯上，最後撒上調味料 **B**。

78 菠菜佐咖哩肉醬蓋飯

材料

牛豬綜合絞肉：100g
洋蔥：1/2個（切成粗末）
菠菜：100g（切成大約
1cm長）

調味料

沙拉油：1小匙
咖哩粉：1大匙

Ⓐ
　水：100ml
　番茄醬：3大匙
　伍斯特醬：1/2
　大匙

1

將油倒入小平底鍋中以
中火加熱，再加入絞肉
翻炒至鬆散。

2

依序加入咖哩粉、洋
蔥、菠菜。

3

炒至入味後加入調味
Ⓐ，再以小火煮5分
鐘，最後盛在白飯上。

79 柚子胡椒油豆腐蓋飯

材料

豬絞肉：100g
厚片油豆腐：2片（切成
2cm的塊狀）

調味料

麻油：1/2大匙

A
水：150ml
柚子胡椒：2小匙
砂糖：2小匙
醬油：1小匙
雞粉：1/2小匙

B
太白粉：1/2小匙
水：1小匙

1

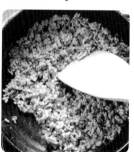

將麻油倒入平底鍋中以中火加熱，再將絞肉翻炒至鬆散。

2

加入厚片油豆腐後倒入調味料Ⓐ，以小火煮3分鐘。

3

將調味料Ⓑ混合均勻後倒入鍋中煮至濃稠狀，最後盛在白飯上。

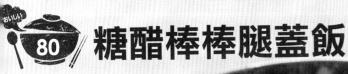

糖醋棒棒腿蓋飯

材料

棒棒腿：6支
洋蔥：1/2個（切成粗末）
蘆筍：2根（去除粗絲後
切成5cm長）

調味料

水：120ml

Ⓐ
醋：2大匙
醬油：1.5大匙
砂糖：1.5大匙
薑泥：1小匙

1

將棒棒腿、洋蔥、調味料Ⓐ倒入小平底鍋中攪拌均勻（若有時間時可靜置醃30分鐘）。

2

加入水後蓋上鍋蓋，再以小火加熱烹煮15分鐘左右。

3

放入蘆筍再蓋上鍋蓋繼續悶煮一下，最後盛在白飯上。

韓式烤雞蓋飯

1　2　3

材料

雞胸肉：150g（切成6等分）
地瓜：100g（切成半圓形）
高麗菜：100g（切成小塊狀）
大蔥：10cm（斜切成1cm寬）

調味料

麻油：2小匙

Ⓐ
水：2大匙
韓式辣醬：1大匙
醬油：1大匙
砂糖：1大匙
蒜泥：1小匙
一味唐辛子：少許

前置作業

事先將雞肉以調味料Ⓐ
拌一拌，醃10分鐘左右。

1　將油倒入平底鍋中以中火加熱，加入地瓜油煎3～4分鐘使雙面上色，此時也將高麗菜與大蔥一併加入鍋中，等蔬菜變軟後全部盛出。

2　用調味料Ⓐ醃過的雞肉連同醬汁一併倒入平底鍋中。

3　將步驟2翻炒2～3分鐘左右，再將步驟1的蔬菜倒回鍋中，等全部材料入味後盛在白飯上。

82 起司炸雞排蓋飯

1

2

3

材料

雞里肌：3片
嫩生菜：1袋
檸檬切塊：適量

調味料

橄欖油：3大匙
鹽：少許
粗粒黑胡椒：少許

Ⓐ [麵包粉：5大匙
起司粉：1大匙]

Ⓑ [麵粉：1大匙
美乃滋：1大匙
水：1大匙]

將雞里肌用保鮮膜包覆，用玻璃瓶等容器拍打，再切成一半。

將調味料Ⓐ倒入塑膠袋中混合。將雞里肌撒上鹽，先沾裹混合均勻的調味料Ⓑ，再沾裹調味料Ⓐ。

將橄欖油倒入平底鍋中加熱，再將雞里肌放入鍋中，油煎5分鐘左右至兩面呈金黃色，最後盛在白飯上並加上生菜，再灑上黑胡椒、擠上檸檬汁。

83 咖哩奶油雞肉蓋飯

材料

炸雞用雞腿肉：150g
番茄罐頭：200g

調味料

奶油：10g

A
優格：50g
咖哩粉：1/2大匙
砂糖：2小匙
鹽：1/2小匙

B
奶油：20g
蒜泥：1/2大匙
咖哩粉：1大匙

1

將雞肉與調味料A混合均勻，若有時間時可靜置醃1小時以上。

2

將調味料B倒入小平底鍋中以小火加熱，等香味出來後加入番茄罐頭，邊攪拌邊烹煮5分鐘左右。

3

加入步驟1，再蓋上鍋蓋煮5分鐘左右，最後加入奶油攪拌均勻，再盛在白飯上。

84 泰式打拋雞蓋飯

材料

雞腿絞肉：100g
雞蛋：2個
洋蔥：1/4個（切成5mm寬）
紅甜椒：1/2個（切成5mm寬的半圓形）
蘿勒：1/2包（只取葉片）
※沒有蘿勒時可使用青紫蘇葉（4片）

調味料

沙拉油：2小匙

A
水：1大匙
魚露：1大匙
蠔油：1大匙
砂糖：1/2小匙
蒜泥：1/2小匙

1

將油倒入平底鍋中以中火加熱，打入雞蛋煎成荷包蛋後盛出。

2

將絞肉倒入平底鍋中翻炒至鬆散，再依序加入洋蔥與甜椒。

3

等材料變軟後加入調味料A與蘿勒煮至收汁，最後盛在白飯上，並放上荷包蛋。

84

83

各式材料料理表

各式材料料理表

特別收錄

蘿瑞娜 × 凱莉兔 × 肉桂打噴嚏
FB人氣料理達人精彩示範，
3步驟の無敵蓋飯，真的好簡單！

蘿瑞娜の3步驟蓋飯

下班後，也能輕鬆煮出
營養美味的晚餐

收到編輯來信邀稿，說明這本食譜書的主題是只要「三步驟」的「懶人蓋飯食譜」，光聽到介紹就相當吸引我這個偏愛快手料理的主婦，尤其對於上班族而言，如何在下班後匆忙的時間內，快狠準的準備好有菜有肉，又兼具美味及營養均衡的晚餐，真是一項考驗，不過，我想有了這本書，大家就可以輕鬆的做出各種風味的蓋飯料理。

蘿瑞娜

不小心來到了瑞典這個想吃就得自己做的「殘酷廚藝學院」，自此舞刀弄鏟一頭栽進料理這條甜蜜的不歸路。在廚房裡和孩子一起下廚、一起天馬行空試驗各式新菜色、與家人共度用餐的溫馨時光，都是她珍視的小小幸福。

期待一道道的手做料理，能讓家人感受到無盡的愛，也希望和孩子在廚房裡共度的美好時光能成為他們日後最珍貴的回憶，也希望能把這樣的幸福分享出去，讓大家都能感受為愛下廚的美好。

經歷

著有料理暢銷書《瑞典主婦這樣教，那樣煮，孩子不挑食》、《瑞典蘿瑞娜的小廚房》、《媽咪的聰明料理術》，目前擔任親子天下、icook愛料理生活誌駐站作家。

愛料理icook食譜｜http://icook.tw/user/lorinakitchen/recipes
（至今累積250道食譜）
FB｜蘿瑞娜的幸福廚房　https://www.facebook.com/lorinakitchen
Blog｜瑞典蘿瑞娜的幸福廚房　http://lorina.pixnet.net/blog

金沙海鮮蓋飯

材料

蝦子：8隻
花枝：200g
花椰菜：1顆（約250g）
鹹蛋：4顆（去殼後將蛋白、蛋黃分開）
蒜頭：5瓣（壓成泥）
蔥：2根（切蔥花）
辣椒：1條（可加可不加）

調味料

沙拉油：3大匙

Ⓐ
- 米酒：2大匙
- 蠔油：2大匙
- 糖：1小匙

1

將蝦子去殼後與花枝一起入鍋油煎（如果炒花枝的時候出水，可將湯汁留下來），花椰菜用水汆燙後盛起備用。

2

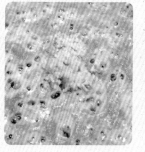

起油鍋，放入壓碎的鹹蛋黃炒至起大泡泡後，加入蒜泥一起拌炒到香氣出來。

3

加入蝦子、花枝、壓碎的鹹蛋白、花椰菜及調味料Ⓐ拌炒均勻，起鍋前灑上蔥花及辣椒末拌勻即完成。

椒麻五花肉片蓋飯

材料

五花肉片：150g
豆芽菜：適量
小黃瓜：適量

調味料

米酒：1大匙
薑片：2片

A
- 醬油：3大匙
- 檸檬汁：3大匙
- 糖：2大匙
- 魚露：1.5大匙
- 水：3大匙
- 香油：1.5大匙
- 花椒粉：1～2小匙
- 香菜末：適量
- 新鮮辣椒：1條（切丁，辣度可自行調整）
- 蒜頭：4瓣（壓泥）

1

將豆芽菜汆燙備用。

2

利用燙豆芽的水，加入米酒和薑片，煮滾後放入五花肉片汆燙備用。

3

白飯上依序放上豆芽、肉片，將調味料Ⓐ攪拌均勻淋上即完成。

快速、省時、零失敗，
美味輕鬆端上桌

經濟不景氣、外食費用高，加上食品安全等問題，

愈來愈多人有心走入廚房洗手作羹湯，但往往擔

心過於繁瑣的備料和烹煮過程而打退堂鼓。這次做的三步驟「味噌豬里肌蓋飯」

和「日式免炸海老蓋飯」，不僅快速、省時、零失敗，而且材料可以任意更換搭

配，例如把豬里肌換成去骨雞腿肉，就變成「味噌雞腿蓋飯」囉！利用冰箱現有

食材烹煮，一點都不麻煩，三兩下就能將美味蓋飯端上桌！

凱莉兔

和多數人一樣是個天天蹲在辦公室等退休的米粒上班族，最初只是因為公司周圍
的午餐店不是貴到爆炸就是滋味普普，於是興起自己做便當的念頭，從此一頭栽
進手作料理之路。2012年開始經營「凱莉兔的料理party」粉絲團，和所有愛料理
的朋友一起分享窩在廚房裡的小確幸！

經歷
非凡新聞—「小薪青年向錢衝」節目錄製（愛妻便當）
VOGUE夏日輕食活動
蘋果日報採訪

愛料理icook食譜 | http://icook.tw/user/682667177/recipes
（至今累積207道食譜）
FB | 凱莉兔的料理party   https://www.facebook.com/kellyrabbitcookparty
Blog | 凱莉兔的料理party   http://mikkelly.pixnet.net/blog

味噌豬里肌蓋飯

材料

豬里肌：2片
花椰菜：1/3顆
香菇：數朵
玉米粒：少許

調味料

油：1小匙
醬油：少許
唐辛子：少許
黑、白芝麻：少許

A ⎡ 味噌醬：1大匙
味醂：1/2大匙
米酒：1/2大匙 ⎦

1

將豬里肌與調味料Ⓐ混和醃製15～20分鐘。

2

將油倒入平底鍋中熱鍋，放入豬里肌油煎至雙面呈微金黃貌。

3

將花椰菜、香菇燙熟後撈起，加入玉米粒，淋上少許醬油攪拌均勻，所有材料盛於白飯即可，可灑些芝麻和唐辛子調味。

日式免炸海老蓋飯

1

2

3

材料

帶尾去殼蝦仁：8隻
雞蛋：1顆
生菜：3～4片

調味料

麵包粉：50g
沙拉油：1～2匙
鹽：少許
蛋液：適量
日式炒麵醬：少許

用平底鍋將麵包粉加入少量油和鹽炒至微金黃色後盛出。

蝦仁裹上蛋液後沾上步驟1的麵包粉，放入預熱170度的烤箱烤約12分鐘。

平底鍋少油熱鍋後煎荷包蛋，將所有材料盛在白飯上，最後再淋上日式炒麵醬即可。

肉桂打噴嚏の3步驟蓋飯

發揮巧思，創造專屬 的無敵蓋飯！

以前還在學生時期的時候，如果想要吃好一點，就約同學去吃上面放著超大片豬排、挖開米粒就吸得到隙縫甜膩肉汁的蓋飯，現今已是主婦的我仍不忘那好滋味，時常在家就發揮《1個人吃の無敵蓋飯》的精神，在短時間內調配出各式好吃的蓋飯給家人。無論你是什麼身分、在何時何地，只要運用手邊食材，都能發揮巧思，創造屬於自己「專屬」絕妙滋味的無敵蓋飯喔！

肉桂打噴嚏
本來是個沉迷於日劇的專職主婦，
直到有一天，希望作菜不再只是家務的一部分，
因此開始學習製作甜點。
不喜歡肉桂，聞了會想打噴嚏，
因此以「肉桂打噴嚏」的名號在網路上發表食譜，
紀錄料理的點點滴滴。

分享料理能讓她得到樂趣並從內心散發出愉悅的笑容，
成為她每天幸福的來源：)

愛料理icook食譜 | http://icook.tw/user/100003087266022/recipes
（至今累積172道食譜）
FB | 肉桂打噴嚏　https://www.facebook.com/u5u5u5u
Blog | 肉桂打噴嚏　http://kkoko0620.blogspot.tw/

和風蝦仁滑蛋蓋飯

材料

蝦仁：150g
鮮奶：2大匙
蛋：1個
洋蔥：1/5個（切成末）
鮭魚鬆：適量
蔥：2根（切蔥花）

調味料

沙拉油：1大匙

1

將油倒入平底鍋熱鍋，放入洋蔥稍微拌炒。

2

放入蝦仁快炒至半熟。

3

將蛋、牛奶混合攪拌後倒入鍋中和蝦仁快速拌炒，盛在白飯上，再灑上鮭魚鬆和蔥花即可。

醬燒牛肉蓋飯

材料
牛肉薄片：200g
洋蔥：1/4個（切成絲）

調味料
沙拉油：1大匙
米酒：1大匙
燒肉醬：3大匙

1

將油倒入平底鍋熱鍋，放入洋蔥稍微拌炒。

2

加入牛肉薄片快炒至半熟，再加入米酒拌炒均勻。

3

倒入燒肉醬拌至牛肉片入味，最後盛在白飯上即可。

10 分鐘做早餐

一個人吃、兩人吃、全家吃都充滿幸福的 120 道
早餐提案【暢銷修訂版】

「10 分鐘早餐」快速、美味、多變化！
收錄 120 道早餐料理，提供最多元的選擇。

用各式食材儲存撇步及烹調方法，在短短時間就能準備一整
週的早點，讓全家人每天都好想早起吃早餐，充滿活力的迎
接新的一天！

崔耕真◎著　　李靜宜◎譯

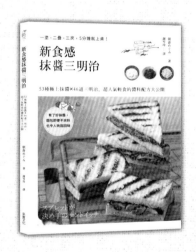

新食感抹醬三明治

53 種極上抹醬 X46 道三明治料理，
超人氣輕食的醬料配方大公開

走遍歐洲、中東、亞洲的旅行美食家，精心研發異國三明
治大集合，在家獨享世界美味！打造前所未有「新食感」

只要先做好抹醬，5 分鐘就能快速完成一道賣相超棒的宴客料
理。每道抹醬都貼心標示保存期限、分量，並設計對應的三明
治食譜，讓人不必再費心設計菜單，短時間變出豐盛餐桌。

朝倉めぐみ◎著　　謝雪玲◎譯

愛上短義大利麵

小巧 · 彈牙 · 不黏糊，必學 14 種義式短麵
78 種新手不敗美味醬料

14 種麵條 X 78 道「大廚配方」，令人回味無窮的「義式
多口感」！美味不重疊，零廚藝也能輕鬆上桌！

蝴蝶麵、貝殼麵、車輪麵、貓耳朵麵、水管麵、螺旋麵、特飛麵、
通心粉、麵疙瘩、彩色造型義大利麵等。從經典口味到名店佳
餚，這本書帶你重新發現「短義大利麵」的絕讚美味！

渡邊麻紀◎著　　謝雪玲◎譯

國家圖書館出版品預行編目資料

一個人吃的無敵蓋飯 / 杵島隆太作. -- 初版. -- 臺北市
: 采實文化, 2017.12
　面；　　公分. -- (生活樹系列；55)
ISBN 978-957-8950-01-6(平裝)

1.飯粥 2.食譜

427.35　　　　　　　　　　　　106021377

生活樹　生活樹系列055

1個人吃の 無敵蓋飯

90道懶人必學的快速料理大絕招！
3ステップでできる 100円でおいしい丼

作　　者	杵島隆太
譯　　者	蔡麗蓉
總 編 輯	何玉美
選 書 人	紀欣怡
主　　編	紀欣怡
封面設計	果實文化設計工作室
內文排版	菩薩蠻數位文化有限公司

出版發行	采實文化集團
行銷企劃	陳佩宜・陳詩婷・陳苑如
業務發行	林詩富・張世明・吳淑華・林坤蓉・林踏欣
會計行政	王雅蕙・李韶婉
法律顧問	第一國際法律事務所　余淑杏律師
電子信箱	acme@acmebook.com.tw
采實官網	www.acmebook.com.tw
采實文化粉絲團	http://www.facebook.com/acmebook

Ｉ Ｓ Ｂ Ｎ	978-957-8950-01-6
定　　價	260元
初版一刷	2017年12月
劃撥帳號	50148859
劃撥戶名	采實文化事業股份有限公司
	104台北市中山區建國北路二段92號9樓
	電話：(02)2518-5198
	傳真：(02)2518-2098

Boutique Mook No.1107　3 STEP DE DEKIRU 100EN DE OISHII DONBURI
Text copyright © 2013 by BOUTIQUE-SHA, INC.
First Published in Japan in 2013 by BOUTIQUE-SHA, Inc.
Complex Chinese Character rights　© 2014 by Acme Publishing Company..
arranged with BOUTIQUE-SHA, Inc. Through Future View Technology Ltd.

采實出版集團
ACME PUBLISHING GROUP

采實文化　采實文化事業有限公司

104台北市中山區建國北路二段92號9樓

采實文化讀者服務部　收

讀者服務專線：02-2518-5198

1個人吃の
無敵蓋飯
3ステップでできる 100円でおいしい丼

生活樹系列專用回函

系列：生活樹系列 055

書名：**1個人吃の無敵蓋飯**

90 道懶人必學的快速料理大絕招！

讀者資料（本資料只供出版社內部建檔及寄送必要書訊使用）：

1. 姓名：

2. 性別：□男　□女

3. 出生年月日：民國　　　　年　　　月　　　　日（年齡：　　　歲）

4. 教育程度：□大學以上　□大學　□專科　□高中（職）　□國中　□國小以下（含國小）

5. 聯絡地址：

6. 聯絡電話：

7. 電子郵件信箱：

8. 是否願意收到出版物相關資料：□願意　□不願意

購書資訊：

1. 您在哪裡購買本書？□金石堂（含金石堂網路書店）　□誠品　□何嘉仁　□博客來

　　□墊腳石　□其他：＿＿＿＿＿＿＿＿＿＿＿＿（請寫書店名稱）

2. 您從哪裡得到這本書的相關訊息？□報紙廣告　□雜誌　□電視　□廣播　□親朋好友告知

　　□逛書店看到　□別人送的　□網路上看到

3. 什麼原因讓你購買本書？□喜歡作者　□喜歡做菜　□被書名吸引才買的　□封面吸引人

　　□內容好，想買回去做做看　□其他：＿＿＿＿＿＿＿＿＿＿＿＿＿＿＿＿（請寫原因）

4. 看過書以後，您覺得本書的內容：□很好　□普通　□差強人意　□應再加強　□不夠充實

　　□很差　□令人失望

5. 對這本書的整體包裝設計，您覺得：□都很好　□封面吸引人，但內頁編排有待加強

　　□封面不夠吸引人，內頁編排很棒　□封面和內頁編排都有待加強　□封面和內頁編排都很差

寫下您對本書及出版社的建議：

1. 您最喜歡本書的特點：□圖片精美　□實用簡單　□包裝設計　□內容充實

2. 您對書中所傳達的美食知識及步驟示範，有沒有不清楚的地方？

＿＿＿＿＿＿＿＿＿＿＿＿＿＿＿＿＿＿＿＿＿＿＿＿＿＿＿＿＿＿＿＿＿＿＿

3. 未來，您還希望我們出版哪一方面的書籍？

＿＿＿＿＿＿＿＿＿＿＿＿＿＿＿＿＿＿＿＿＿＿＿＿＿＿＿＿＿＿＿＿＿＿＿